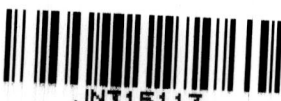

すごい夜空の見つけかた

林完次
［写真・文］

草思社

はじめに

　夜空を見上げてみませんか。子どものころを思い出してみてください。遊びに夢中になり、帰る時間も忘れ、茜色《あかねいろ》に染まった西の空にかかる細い月を見ながらあわてて帰り道を急いだことを。この本を開いてくださったあなたにも、いろいろな思い出があると思います。私にもこんなことがありました。

　小学生のときです。臨海学校の一環として房総半島のある海岸へ行きました。夜になって浜辺に出たのですが、すごい数の蟹《かに》が浜辺を埋めつくしていたため踏みつけないように、つま先立ちで歩いていると、いっしょに行った友人がなにやら大きな声を上げているのです。しかし私にはそれが耳に入りませんでした。何しろ蟹のことばかり気になって、それどころではなかったからです。

　しびれを切らした友人は私の耳元で大きな声を出し、夜空に向かって指差しました。足もとばかり見ていた私はようやく気づいて夜空を見上げました。思わず、「うわーっ、すごい」と声を上げました。淡い光のベルトが夜空を横切るように流れていたからです。そのとき初めて見たのに、すぐに天の川だとわかりました。

印象に残ったのは天の川ばかりではありません。星ぼしの瞬《またた》きもすばらしいものでした。とくに南の低空に見えたさそり座の１等星アンタレスの赤い光は、私の視線をくぎ付けにしました。

星が好きだった私はますます星が好きになり、夜空にカメラを向けるようになりました。梅や桜が咲いて春が来たことを知るように、星座を見て季節を味わいたかったからです。

本書は、夕暮れから夜明けまでの夜空の写真を、文章とともに綴ったものです。ふだん何気なく見上げている空も写真に撮ると、思いのほか表情が豊かであることがわかります。撮影には天文用の機材のほかに、一般的なカメラなども使用しました。最近のコンパクト・デジタルカメラは性能が向上し、簡単に星を撮影することができるようになりました。みなさんが撮影されるときに参考にしていただければ幸いです。また夜空を見上げるとき、この本をお伴《とも》にしていただければこれに勝る喜びはありません。

いま北の夜空には北斗七星が鯉のぼりのように瞬いています。本書が出版されたら、久しぶりに星たちに逢いに行こうと思っています。

2011 年 穀雨のころに　　林 完次

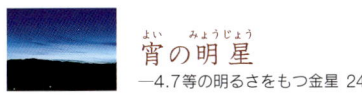

第2章 月夜

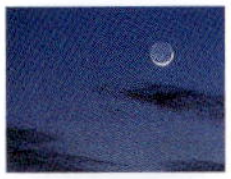

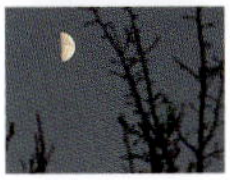

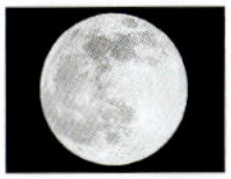

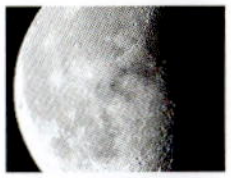

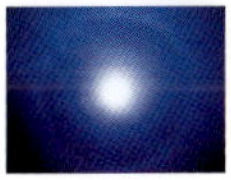

第3章 星空

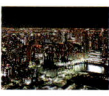

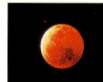

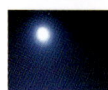

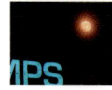

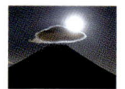

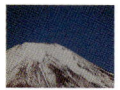

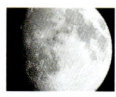

本文デザイン：Malpu design

第1章
夕暮れ

天使の梯子《はしご》

雲間から四方八方に延びる陽光

雲の切れ目から太陽の光が漏れて地上に降り注いでいる光景を見ると、なんとなく嬉しくなります。天使の梯子といいますが、この呼び名は旧約聖書創世記28章12節に由来します。

イサクの子でイスラエル民族の祖といわれるヤコブは、夢の中で雲の切れ目から光のような梯子が地上に延びて天使が上り下りする光景を見ました。それで天使の梯子と呼ばれるようになりました。

天使の梯子はヤコブの梯子、天使の階段とも呼ばれていますが、ほかにもレンブラント光線、薄明光線《はくめいこうせん》、光芒《こうぼう》という呼び名もあります。オランダの画家レンブラント・ファン・レインは17世紀の代表的な画家で、油彩のほかエッチングや複合技法による銅版画などを手がけ、肖像画家として名声を博しました。彼は光の部分と影の部分に手腕を示し、とくに光線の扱い方に優れ、独特の効果をもっていたことから、レンブラント光線という呼び名が生まれました。

雲間から延びる太陽の光は、地上ばかりでなく上方にも四方八方延びているのが見えることがあります。季節を問わずに見られますが、秋から冬にかけて大気の澄んだときの早朝や夕方、太陽の角度が低いときが見やすくなります。

撮影地：茨城県牛久市

幻《げん》日《じつ》

太陽の両側に現れる光の点

　星の撮影にしばしば高原や山間《やまあい》に出かけますが、快晴と見込んでいたのに現地に着くと薄雲がかかっていることがあります。山の天気は予想が難しいのですが、ときに幻日《げんじつ》と呼ばれる太陽の両側に現れる光輝《こうき》の強い点が見えることがあります。

　幻日は太陽と同じ高度で太陽から22度〜32度離れたところに現れ、明るいものだと太陽がもう一つ、あるいはさらにもう一つ、そこにあるものと錯覚してしまうことがあります。

　こうした現象が見られるのは、太陽の光を星状や板状の小氷晶からなる上層雲を通すと、光が屈折して暈《かさ》と似たような現象が起こるからです。白色または薄い色彩を帯びていますが、太陽に近いほうが赤や黄色で、反対側が青になっていることもあります。

　幻日は太陽を挟んで左右両側に現れますが、一対で見られるのは珍しく、どちらか片方だけしか見られないときのほうが多いようです。しかし、ときには左右両側よりもっと多く見えることもあります。また、左右両側の幻日が細く伸びて円形になった幻日環《げんじつかん》が見えることもあります。もっとも、こちらもまれにしか見ることができません。

　幻日と同じ現象が月の光でも起こります。こちらは幻月《げんげつ》といいます。

撮影地：長野県・富士見高原

太陽

1億5000万km彼方のガスボール

燦々《さんさん》と太陽の光が降り注ぐ日は気持ちも晴々とします。地上で利用しているエネルギーのほとんどは太陽からきているもので、光、赤外線、紫外線などの放射として届きます。

太陽は地球から約1億5000万kmのところにある巨大なガスボールで、その直径は地球の109倍の139万kmもあります。質量も地球の33万倍ありますが、そのうちの75パーセントが水素で、残りの25パーセントがヘリウム、そのほかのものは0.1パーセントしかありません。

太陽の表面を光球《こうきゅう》といい温度は約6000度。その外側は厚さ2000kmの薄いガスの層で彩層と呼ばれます。光球より内側は不透明で見えませんが内部のエネルギーを外に運び出す対流層があり、さらに放射層、中心核に分けられます。太陽から放射される光や熱は、水素の原子核がヘリウムに変わる核融合反応で生じたもので、これは太陽の内部の中心核と呼ばれるところで起こっています。

表面に見える黒点《こくてん》の温度は約4000度で光っていますが、周囲の温度より低いため黒く見えます。温度が低いのは磁力線の影響で、内部からのエネルギーが流れ出にくくなっているためといわれます。黒点は11年の周期で数が増えたり減ったりしています。

撮影地：東京都東久留米市

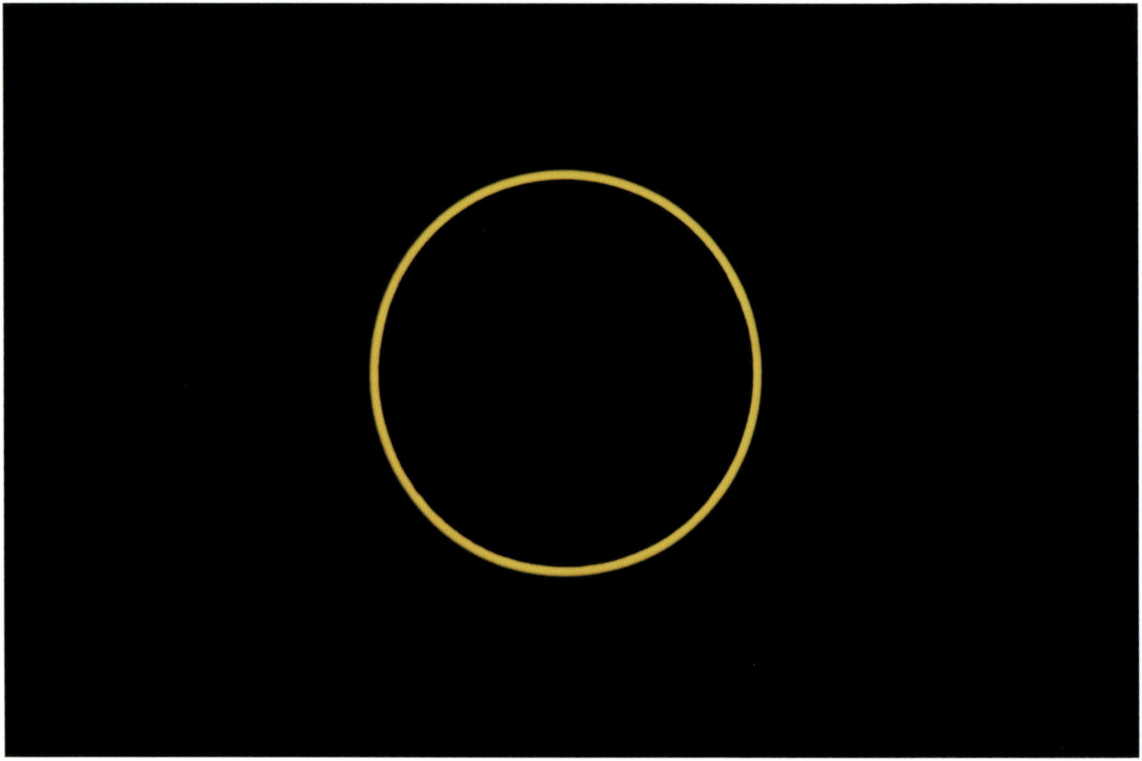

金《きん》環食《かんしょく》

月からはみ出す太陽

太陽と月はどちらが大きく見えるでしょう。

いうまでもなく実際には太陽の直径が139万kmに対して、月の直径は3476kmなので、太陽の方が400倍も大きいのですが、地球から見ると肉眼ではほとんど同じ大きさに見えます。角度で表すとどちらも約0.5度（約30秒）ほどの大きさになります。

どちらが大きいか、五円玉を持って腕をいっぱいに伸ばすと、太陽と月を見比べることができます。ただし太陽を見るときは日食用のサングラスを使用するなどして、くれぐれも注意をしてください。また月は満ち欠けをしているので満月のときがよいでしょう。どちらもほぼ五円玉の穴の中に納まることがお分かりになります。

ところで、この見かけの大きさ（視直径）はいつも同じに見えるかというと、実は違います。詳しく測ってみると、地球上の観測地点から太陽や月までの距離が変化するため、太陽や月の見かけの大きさが変化していることに気づきます。

日食は太陽と地球の間に月が入るときに起こりますが、月が大きいときは太陽をすっぽり隠すので皆《かい》既《き》日食《にっしょく》になり、月が小さいと太陽がはみ出して金環食《きんかんしょく》になります。

撮影地：沖縄県・万座毛

皆《かい》既《き》日《にっ》食《しょく》

黒い太陽のまわりに広がるコロナ

天文現象にはさまざまなものがありますが、その中でもっとも感動的、というより衝撃的なのは皆《かい》既《き》日《にっ》食《しょく》でしょう。それまで普通に輝いていた太陽が月におおい隠され、一瞬にしてあたりが暗闇に変わるのですから。何度見ても感嘆の声が出てしまいます。

太陽が欠け始めたときからドラマは始まります。この時点では太陽と月が重なり始めたばかりなので、日食を注視していなければまったく気づきません。太陽が50パーセント欠けてもわずかに暗くなる程度ですが、皆既が近くなると空はにわかに暗くなり始め、皆既直前にダイヤモンドリングと呼ばれる現象が見られます。そしてまたたく間に太陽は月に隠され皆既日食になります。その瞬間、黒い太陽のまわりにはコロナが広がり、あたりに感動の声が響き渡ります。

コロナは彩層《さいそう》の外側に太陽表面を取り囲むように広がっている薄いガスで、自由電子の散乱光のこと。温度は100万度もあります。太陽の表面から500km付近から温度が上昇し始め、2000km付近になると温度は1万度から100万度まで急激に上昇します。

皆既が終わると再びダイヤモンドリングが見え、瞬く間に太陽の光が現れて昼間の明るさに戻ってゆきます。わずか数分のドラマが終わります。

撮影地：ハンガリー・バラトン湖

プロミネンス

磁力線にそって突出する紅炎

皆既日食になると黒い太陽のまわりにコロナが広がり、月に隠された太陽の縁に赤く燃え上がるような炎が見えます。紅い炎なので紅炎《こうえん》といいますが、最近では英語のままプロミネンス（solar prominence）という呼び方が一般的になってきています。双眼鏡や望遠鏡を使うと、アーチ型、たつ巻型、ループ型などをした形がわかるときがあります。

プロミネンスは、太陽の彩層の一部が磁力線に沿ってコロナの中に突出してみえる現象で、輝線《きせん》スペクトルの光を出しているため、Hα線の波長で1～2Å以下の透過幅をもつ単色フィルターを使えば見ることができます。Hα線とは、波長6562.8Å（赤色）にある水素原子の出すバルマー系列線の一つで、バルマー系列は水素原子の線スペクトルのうち可視光から近紫外の領域にあるものをいいます。

皆既日食のときに限らず、ふだんでもプロミネンスを見ることができる観測装置が市販されています。このHα線の単色フィルターで観測すると、太陽面上で暗い線状に見えます。これは暗条とかダークフィラメントと呼ばれていますが、プロミネンスとダークフィラメントは同じものです。太陽の縁に見えるプロミネンスは背景が宇宙空間なので光って見えますが、太陽面上ではプロミネンスが彩層の光を吸収するため暗く見えるのです。

撮影地：中国・杭州

黄《たそ》昏《がれ》

日が暮れたあとの「誰そ彼」の時間

　太陽が沈んだあと、西の空は時間の経過とともに微妙に色合いを変えてゆきます。この様子を眺めるのが好きで、時間があるときはポカンと空を眺めています。

　夕焼け空を茜《あかね》色といいますが、空の色を花の色にたとえると、まだ空が明るいうちは少し紫がかった躑躅《つつじ》色をしています。しばらくするうちに、ゆっくりと青紫の菫《すみれ》色から、竜胆《りんどう》色へ。さらに紫から赤紫の菖蒲《あやめ》色、牡《ぼ》丹《たん》色などを経てしだいに闇に吸いこまれるように色が褪《あ》せ、気がつくと空は漆黒《しっこく》に変わります。

　夕暮れどきに残るほのかな明かりを夕明かりとか残照《ざんしょう》といいますが、日が暮れてわずかな間のことを夕《ゆう》間《ま》暮《ぐ》れといいます。まぐれは目暗で、同じような言葉に夕方、夕べ、入相《いりあい》、暮れ、暮れ泥《なず》む、逢《おう》魔《ま》が時《どき》、夕さり、夕まし、黄昏などがあります。

　暮れ泥むは日が暮れようとして、なかなか暮れないことをいいますが、日が暮れたあともぼんやり見えるときを暮れ残るとも。逢魔が時は大禍時《おおまがどき》の転で、禍《わざわい》が起きる時刻のこと。夕方の薄暗いときをさします。また黄昏は「誰《た》そ彼《かれ》」で、うす暗くなり人の様子が見分けづらいときのことをいいます。人工光があふれている現代では、忘れられた言葉でもあります。

撮影地：東京都中央区

宵《よい》の明星《みょうじょう》

－4.7等の明るさをもつ金星

夕暮れの空に一番星《いちばんぼし》を見つけると、ちょっぴり幸せな気分になります。一番星はその夜、一番初めに輝く星なので明るい星ということになります。恒星で一番明るいのは冬の夜に見られる－1.5等のおおいぬ座のシリウスですが、もっと明るい星があります。それは木星と金星です。

木星は太陽系最大の惑星で平均極大光度《きょくだいこうど》は－2.8等ありますが、金星はさらに明るく平均極大光度は－4.7等にもなります。ということで、金星が西の空に見えるときは必ず一番星になります。夕方、西の空に見えるときを宵の明星、明け方の東の空に見えるときを明けの明星といいます。

金星がこれほど明るいのは地球のすぐ内側を回っているうえ、厚い大気（二酸化炭素が大部分で、わずかに窒素などを含む）におおわれているため、太陽の光を効率よく反射するからです。アルベド（反射能）は惑星の中でもっとも大きく0.65もあります。ちなみに木星のアルベドは0.52ですが、月のアルベドは0.07しかありません。

宵の明星は長庚《ゆうずつ》（夕星とも）、黄昏星とも呼ばれますが、鹿児島では子守りをする時刻に見えるところからもんりーぼし（守り星）、沖縄ではゆーばなぶし（夕飯星）、また朝夕の別なく青森では烏賊《いか》星など、各地で面白い呼び名が残っています。

撮影地：長野県・富士見高原

COLUMN:天体を写してみよう

月や星を写してみませんか。月は星に比べると明るいのでわりと簡単に写すことができます。三日月から満月までは暗くなる前に月が見えるのでチャンスです。ズームレンズの望遠側を使用するとき、手ぶれ補正機能が付いていないレンズだったら早めのシャッターを切るか、三脚を使用しましょう。

星の撮影は高性能のコンパクト・デジタルカメラが普及したおかげで、簡単に星空を写すことができるようになりました。わずか20～30年前まで、星の写真は大変でした。星の光は微かなので高感度のフィルムや明るいレンズを使用しても、露出時間は10分とか20分、ときには1時間以上も露出時間が必要だったからです。

これだけ長い時間、カメラのシャッターを開けっ放しにすると、地球は自転しているので星は長い軌跡を描いて写ることになります。これはこれで面白い写真が撮れますが、星を点に写すには地球の自転を止めなければなりません。といって自転を止めることはできないので、その代わり移動する星を追いかけなければなりません。その追尾装置が赤道儀です。つまりカメラを赤道儀に取り付けて星を追いかけることになります。

現在でも本格的に天体を撮影するには赤道儀が必要ですが、最近のコンパクト・デジタルカメラは1000万画素を優に超え、ISO感度も3200や6400といった高感度の設定ができるようになったので、数秒から数十秒の露出で星を写すことができるようになりました。これなら赤道儀がなくても星を点像に写すことができます。

星を点像に写すには、広角レンズのように焦点距離が短いものほど露出時間は長めにかけられます。また撮影する方向も、天の北極付近なら星の移動量が少ないので長い時間露出しても星は点像に写りますが、天の赤道付近ではその反対で、移動量が大きくなるので露出時間は短くなります。それらを総合して露出時間は10秒以下に抑えたいものです。

暗いところと同じ条件で、人工の光があふれる都会で撮影するとどうなるでしょう。露出はオーバーになり、画面が真っ白に写ってしまいます。明るいところではISO感度を1600、800、400というように下げて数コマずつ撮影し、どの感度が適正か調べてみてください。

昇るオリオン座

東の空に昇り始めたオリオン座です。たてに並んだ三つ星の一番上のδ星は天の赤道上に位置しているため、真東から昇って真西に沈みます。大気が澄んでいるので星がたくさん写っています。

撮影地：長野県・富士見高原

都会のオリオン座

東京では星は写せないと思っている人も多いと思いますが、ネオンや街灯を避ければ写すことができます。昼間のうちに安全に撮影できる場所を確認することをおすすめします。

撮影地：東京都千代田区

月齢3

月は大きく見えますが、写真に撮ると思いのほか小さいものです。ズームレンズの付いたカメラでは望遠側にして撮影してみてください。この写真は望遠鏡にカメラを取り付けて撮影しました。

撮影地：神奈川県横浜市

第2章 月夜

夕《ゆう》月《づき》

ほっとさせてくれる夕暮れの月

学校帰りや仕事帰りの夕暮れの空に、三日月《みかづき》がかかっているのを見たことがありますよね。私もよく見ますが、なぜかホッとします。月の近くに宵の明星も一緒に見えるときはなおさらです。つい写真を撮りたくなりますが、こういう光景に出会うときに限ってカメラを持ち歩いていないときが多く、ちょっぴりくやしい思いをすることが多々あります。

夕方見える月のことを夕月《ゆうづき》といいますが、月のある夕暮れどきや夕方だけ月のある夜は夕月夜《ゆうづきよ》。似たような言葉に宵月《よいづき》があります。こちらは宵の間に見える月のことで、宵月夜といえば、宵の間だけ月が見えていることをいいます。春の宵の素晴らしさを春宵一刻直千金《しゅんしょういっこくあたいせんきん》といいますが、季節を問わず夕暮れどきは独特の雰囲気があります。

晴れた夕暮れどき、運よくカメラを持っているときがありました。茜《あかね》色《いろ》の空に細い月がかかっていたので三脚を立て、カメラをのぞきながら構図を決めていると、「月ですか？」と、背後から声をかけられました。「ええ、ご覧になりますか？」と答えると、その男性は「よろしいのですか？」といったあとカメラをのぞき、「ほーっ、クレーターが見えますね」と一言つぶやき、笑顔と軽い会釈をして去って行きました。ただそれだけのことですが、夕月の縁で温かい風が流れたのを覚えています。

撮影地：東京都東久留米市

アースシャイン

地球からの反射光が照らす月

三日月を見ると、影の部分がうっすらと丸く見えるときがあります。これを地《ち》球《きゅう》照《しょう》とかアースシャインといいます。

アースシャインはなぜ見えるのでしょう。月は太陽の光を受けて光っています。このとき地球も太陽の光を受けているので、地球が鏡の役目をし、地球が受けた太陽の光で月を照らすことになります。そのため月の影の部分がうっすらと見えるのです。現在では誰でもわかりますが、昔の人たちにはアースシャインがなぜ見えるのか疑問でした。

16世紀のデンマークの天文学者ティコ・ブラーエは、望遠鏡が使われる前のもっとも優れた観測家で、1572年のカシオペア座に現れた新星を14か月にわたりくわしく観測するなど、さまざまな観測記録を残しています。ティコはアースシャインが見えるのは金星の光を受けているからと説明しましたが、アースシャインを正しく解釈したのはティコの弟子で、ドイツの天文学者ヨハネス・ケプラーでした。

ところで一説によると、ティコは後世に名を残せる天文学者になりたいと願望していたといわれます。それをかなえたのがケプラーでした。なぜなら、ティコの膨大な観測記録を解析したケプラーが、あの「ケプラーの法則」を唱えたからです。

撮影地：神奈川県横浜市

満ちる月

欠けぎわを上にして沈む上弦の月

眉のように細い月が西の空に見えると、月は日を追ってふくらんでゆきます。新月から満月になるまでの間の月を盈月《えいげつ》といい、盈は満ちるとかあふれるという意で満月をさすことも。日没のとき三日月は西に見えますが、上弦の月は南、満月は東の空に姿を現します。

新月は地球から見て月が太陽と同じ方向になったときで、朔《さく》ともいいます。このときの月と太陽の黄経の差は0度で、地球には暗い部分を向けているため見ることはできません。三日月から1、2日過ぎると月はバナナくらいに太くなり、さらに数日過ぎると、スイカを半分に切ったような上弦《じょうげん》の月になります。

上弦の月は新月から満月のあいだに見える半月で、月と太陽の黄経の差が90度になったときのこと。月を弓の形に見立てると、真夜中に弦を上にして沈むため上弦の月と呼ばれています。弓の形に似ているところから弦月《げんげつ》、弓張り月、上《かみ》つ弓張り、上《かみ》の弓張りなどの呼び名のほかに、日を追って光を増していくところから既生魄《きせいはく》ともいいます。

写真は、200ミリ望遠レンズで撮影した上弦の月です。月は望遠鏡を使わなくても軽めの望遠レンズでクレーターが写るので、さまざまな表情をとらえることができます。

撮影地：東京都東久留米市

月見る月

十五夜の月を待つ楽しみ

月を眺めて楽しむことを観月《かんげつ》といいます。昔の人は、花見とともに中秋の名月を楽しみにしていたといわれますが、現在でも、まん丸の月を見るとわくわくします。

その日をどれだけ楽しみにしていたかは、待宵《まつよい》という言葉からもわかります。待宵は十《じゅう》五《ご》夜《や》の月を待つ宵ということで、陰暦8月14日の宵、またはその夜の月をさします。満月は望月《もちづき》ともいいますが、その前夜ということで小望月《こもちづき》という呼び名もあります。

陰暦の秋は7月の孟秋《もうしゅう》、8月の仲秋《ちゅうしゅう》、9月の季秋《きしゅう》の三カ月。8月は秋の真ん中なので、このときの満月を中秋の名月といい、サトイモを収穫する時期にあたっているところから芋名月《いもめいげつ》と呼ばれています。

月見の行事は、陰暦9月13日の十三夜にも行います。中秋の名月に対して後《のち》の月《つき》といい、後の月見といえば陰暦9月13日の月見をさします。また芋名月に対し、豆名月とか栗名月とも呼ばれています。十五夜と十三夜を二夜《ふたよ》の月《つき》といい、昔から両方見ないことを片見月《かきみづき》といって縁起が悪いといわれてきました。

月が皓々《こうこう》と照る夜を月夕《げっせき》といいますが、澄んだ秋の夜空にかかる月は地上の景色まで美しく引き立てます。

撮影地：東京都台東区

欠ける月

月の出が遅くなり、しだいに細くなる

満月が過ぎると月は日を追って欠けてゆきます。満月から新月までの月を虧月《きげつ》といい、虧は欠けるとか少なくなることで、欠けている月のことをさします。月の出は日を追って遅くなりますが、いつもと違った月の表情を見ることができます。

陰暦では満月の次の夜、すなわち十六日の夜を十六夜《いざよい》といい、その夜に昇る月を十六夜の月といいます。十五夜（満月）よりおよそ50分遅く、東の空にいざようごとく（ためらいながら、躊躇《ちゅうちょ》するように）昇るためこの名で呼ばれています。陰暦十七日になると、東の空に月が昇るのに十六夜の月よりさらに遅くなるところから立待月《たちまちづき》と呼ばれ、それ以降、陰暦18日の月を居待月《いまちづき》、19日の月を寝待月《ねまちづき》、20日の月を更待月《ふけまちづき》、または二十日月《はつかづき》、二十日亥中《はつかいなか》、亥中の月といいます。亥中とは亥刻の上刻と下刻のあいだのことで、現在の午後10時ごろ月が昇ります。

満月から一週間過ぎた陰暦22、23日は上弦とは反対の半月で、月が地平線に沈むとき弦の部分が下になるところから、下弦の月と呼ばれています。下《しも》つ弓張り、下《しも》の弓張りなどと呼ばれています。これを過ぎると月の出は子《ね》の刻（午前0時ごろ）より遅くなり、月も次第に細くなります。早朝の東の空にかかる月齢27の月は、鏡に映した三日月のようです。

撮影地：東京都東久留米市

月《つき》暈《がさ》

「月に暈がかかれば雨」

月のある夜に薄雲がかかっていると、月の周りに淡い大きな輪が見えることがあります。ご覧になった方もいらっしゃるのでは。これを月暈《つきがさ》とかハローといいます。

月暈は巻層雲《けんそううん》、巻積雲《けんせきうん》、巻雲《けんうん》のような氷晶雲《ひょうしょううん》がかかっているときに見られます。氷晶の形は大部分が六角柱状の形をしていて、それぞれの面は60度、90度、120度の角をなしているため、それらがプリズムの働きをして光が屈折するため月のまわりに光の輪が見えるようになります。これが月暈で、半径22度のものと46度のものがありますが、ほとんどは22度のもので、46度のものはめったに見られません。

氷晶の屈折率は光の波長によって異なります。そのため月暈にも虹のように色がついて見えることがありますが、実際にはそれぞれの氷晶の向きがバラバラなので光が散乱してしまい、ほとんどは白っぽく見えます。虹のように見えるときを白虹といいます。また太陽にも暈はでき、こちらは日暈《ひがさ》といいます。

暈は低気圧の接近にともなって発生することが多いため、「日や月に暈がかかれば雨」とか「月に雨がさ日がさない」といって、太陽や月に暈がかぶれば雨が降るという俚諺《りげん》が各地に伝わっています。

撮影地：茨城県牛久市

月明かりの星空

星空と地上の景色の両方を楽しむ

月がある時とない時では明るさがまるで違います。都会では人工の光があふれているためあまり感じませんが、燈火の少ない高原などでは月の明るさがよくわかります。等級で表すと、満月の明かりは平均で－12.7等になります。

月の光、または月の光で明るいことを月明かりといいますが、満月近くになると月の光も強くなり、あたりが美しく映《は》えることがあります。これを月《つき》映《ば》えといって月夜の楽しみの一つでもあります。

星を眺めるときは月の光がじゃまをするので、月がないときを狙って撮影に出かけます。しかし大気の澄んだ場所では月の光があっても星は見えるうえ、地上の景色を照らしてくれるので、星空と地上の景色を同時に撮影するときは便利です。ロケで出かけた山道で、森を銀色に染める月光の美しさを今でもはっきり覚えています。

写真は月齢10の夜、200ミリ望遠レンズで山中湖畔から富士山と星空を撮影したものです。露出時間はわずか2秒と短いので満天の星空というわけではありませんが、それでも肉眼で辛うじて見える6等星まで写っています。月がないと富士山は黒っぽく写りますが、月齢10の月がほどよく富士山を照らしてくれました。

撮影地：山梨県・山中湖

MPS
プラ

赤い月

昇ったばかりのストロベリームーン

東の空に昇ったばかりの満月は赤く、ビルの谷間から昇るとネオンと間違えてしまうこともあります。なぜ赤く見えるか、それは夕日が赤く見えるのと同じで大気による影響です。

地球を取り巻く大気はどこでもほぼ同じですが、地上からは見る方向によって大気の厚みが違います。たとえば天頂（真上）を見上げたときの大気は薄く、地平線（または水平線）近くを見たときの大気は厚くなります。つまり昇りたての満月や夕日は地平線近くにあるため、厚い大気を通過することになります。

大気を通過する光のうち、波長が短い青い光は大気中の分子とぶつかって散乱しやすく、波長の長い赤い光だけが残って目に届きます。そのため地平線に近い満月や夕日は赤く見えるのです。

赤い月といえば、ストロベリームーンを忘れるわけにはいきません。冬の満月は頭の真上近くに見えますが、夏の満月はずいぶん低く見えます。東京では夏至《げし》のとき、満月が南中《なんちゅう》（真南に来たとき）しても、高度はざっと30度ほどしかありません。おまけに梅雨の時期で大気中の水分は多いため、満月は赤みを帯びて見えます。イギリスでは赤っぽく見える満月をストロベリームーンと呼んでいます。

撮影地：東京都中央区

ブルームーン

ひと月のうちの二度めの満月

この言葉にロマンを感じますが、最近ではひと月に満月が二度あるとき、二度目の満月をブルームーンと呼んでいます。

月が満ち欠けをする周期は、約29日12時間44分。現在使われている暦（グレゴリオ暦）では2月を除くと、ひと月は30日、または31日になっています。つまり月の初めが満月になれば、次の満月は同じ月の末日ということになります。

ブルームーンが起こるのは3年、または5年に一度。最近では2010年の1月と3月にそれぞれ二度ずつ満月がありました。二度ある満月のうち最初の満月をファーストムーンといいますが、2010年のときは1月、3月のどちらも1日がファーストムーン、30日がブルームーンでした。

では実際に月が青く見えたときがあったのか、それが気になります。一説によると、1883年、インドネシアのクラカタウ火山が噴火したとき、舞い上がった塵の影響で月が青く見えたといわれます。隕石の落下でも塵は舞い上がりますが、いずれにしても月が青く見えることはめったに起こらないところから、once in a blue moon（めったにない）という言葉が生まれました。因みに、やや赤みのある白熱球などに目が慣れると、頭上高くかかる冬の満月は青みを帯びて見えることがあります。

撮影地：神奈川県真鶴町

月《げつ》食《しょく》

赤銅色に見える皆既月食

いつもの見慣れた満月と違って、赤銅《しゃくどう》色の鈍い光を見せる皆既《かいき》月食はどこか神秘的です。

月食は太陽と月の間に地球が入り、地球の影で月が欠けて見える現象です。満月のときに起こりますが、満月のたびに月食が起きるわけではありません。月の見かけの通り道を白道《はくどう》といい、太陽の見かけの通り道である黄道《こうどう》とは約5度傾いています。この二つの軌道の交点（月の昇交点、降交点）付近で満月になるとき月食が起こります。

月のすべてが地球の本影に入るときを皆既月食、一部が入るときを部分月食といいます。また、月が地球の半影に入ったときを半影《はんえい》月食といいますが、月の光はあまり減光されないので、こちらは注意深く観察しないと気づかないほどです。月が本影の中心を通るときの皆既の継続時間は1.7時間になります。

皆既中の月は地球の大気で屈折された太陽の光が届くため赤銅色に見えますが、ときに暗く感じるときがあります。20世紀初め、フランスの天文学者ダンジョンは暗い月食から明るい月食まで、月食の明るさを5段階に分類しました。月食中の明るさは地球の大気中の塵の量によって異なるので、次回の月食のとき月の色に注意してみてください。

撮影地：神奈川県横浜市

月のクレーターと海

裏側よりも表側に多くみられる月の海

ウサギの形に見える月の模様は「海」と呼ばれています。望遠鏡を月に向けると海のほかに、クレーターと呼ばれるでこぼこした盆地のような地形がたくさん見えます。月の海やクレーターがどうやってできたのか疑問でしたが、最近詳しくわかってきました。

月はほかの惑星の衛星と比べると大きいため、これまで月の誕生にはいくつかの説が考えられていましたが、最近では火星ほどの天体が地球をかすめるように衝突し、飛び散った物質が集まって月ができたというジャイアント・インパクト（巨大衝突）説が支持されています。

月ができたのは44億～46億年前で、地球が誕生した直後といわれます。月が冷えて固まったあと、巨大な隕石がたくさん落ちて大きなクレーターがつながってくぼ地を作りました。このときの月の内部は高温だったため、隕石の衝突で地殻の割れ目からマグマがにじみ出てくぼ地をおおいました。玄武岩が露出している月の海は、こうしてできたといいます。

月はつねに同じ面を地球に向けているため、核が中心より地球寄りにあります。そのため月をおおう地殻は表側より裏側が厚く、隕石が衝突して割れ目ができてもマントルまで届かないためマグマが出てきませんでした。月の海が裏側より表側に多く見られるのは、そのためです。

撮影地：東京都東久留米市

月光の笠《かさ》雲《ぐも》

低気圧や寒冷前線が近づくと登場

冬の時期、太平洋側はいわゆる西高東低の気圧配置になるため晴天が続きます。とはいっても、晴天の予報でも現地に着いてから雨にみまわれ、あわてて機材を片付けたことも一度や二度のことではありません。天体の撮影でもっとも気を使うのは天気です。確実に晴れそうな日を選んで富士五湖の一つ、本《もと》栖《す》湖《こ》へ出かけました。

凍結した路面を進み、現地に着いたときは快晴の夜空に冬の星が光輝を競うように瞬いていました。ところがしばらくすると、富士山周辺に雲が現れせわしく動き始めたのです。富士山は単独峰なので湿気を含んだ風が山にぶつかると斜面にそって上昇し、山頂近くで冷却されるとさまざまな形の雲ができます。

午前２時を過ぎると月が富士山に隠れるように昇ってきました。その部分の空が明るくなり富士山がシルエットになって夜空に浮かび上がりました。やがて山頂に下弦を過ぎた月が昇ってしばらくすると、山頂近くに雲がわき出て富士山が笠をかぶったようになったのです。

笠雲は富士山によく現れる雲で、高層雲が次第に厚くなってできます。低気圧や寒冷前線が接近すると笠雲ができるので、麓《ふもと》の人たちは「富士山が笠をかぶれば近いうちに雨」などと天気を予測したといいます。

撮影地：山梨県・本栖湖

COLUMN:星座を見つけよう

雨あがりの夜空は透明度が上がって、都会でも思いのほか星が見えます。こうした夜は思い切って夜空をあおいで星座をさがしてみましょう。楽しいばかりでなく、ふしぎなくらい気持ちが大きくなります。

星空には標識も看板もないので、星座さがしは苦手という人もいます。でも、ちょっとしたコツをつかめば、次々に星座を見つけることができます。まずは目につきやすい星座（または星列）を１つ覚えることです。仮に今が春なら北斗七星（おおぐま座）をおすすめします。それを覚えれば、そこを起点にして周辺の星座が見つけられるようになるからです。しかし、それでも星座を見つけられないという方には星座早見盤という星座さがしの強い味方もあります。

星座早見盤は２枚の円盤からなっていて、下の盤には星座と日付、上の盤には時刻と星空の枠が記されています。使い方は簡単です。下の盤の（見たい夜の）日付の位置に、上の盤の（見たい）時刻を合わせれば、星空の枠にそのときの星空が現れます。私も星の撮影をするときにはいつも持ち歩いています。

北斗七星はおおぐま座の腰からしっぽにあたる星列で、７つの星がひしゃくの形を描いています。真北の位置を示す北極星のまわりを回っているので、ほぼ一年中北の空に見ることができます。北斗七星はひしゃくの枡《ます》の４星と柄の３星に分けられますが、枡の先のβ星からα星を結び、その長さをそのまま５倍延長すると北極星に届きます。北極星はこぐま座のα星で北斗七星を小さくした形をしているので、北斗七星を大びしゃくというのに対し、こぐま座は小びしゃくと呼ばれています。

また、ひしゃくの柄《え》にあたる３つの星は少し曲がっています。このカーブにそってそのまま延長すると、うしかい座の０等星アルクトゥルス、さらに延長するとおとめ座の１等星スピカに届きます。この大きなカーブを「春の大曲線」といい、この２星が見つかれば、しし座の２等星デネボラも見つけやすくなります。というのは、アルクトゥルス、スピカ、デネボラで「春の大三角」を描いているからです。

このようにしてそれぞれの季節ごとに１つずつ星座を覚えれば、星座さがしは楽しくなります。

春の大曲線

魚眼レンズで撮影した北斗七星周辺の星ぼしです。ひしゃくの枡の先のβ星とα星から北極星を、ひしゃくの柄のカーブを使ってアルクトゥルス、スピカをそれぞれ見つけられます。
撮影地：山梨県北杜市

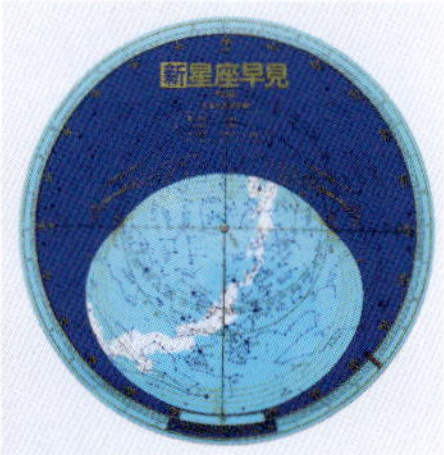

星座早見盤

星座をさがすときにあると便利です。

オリオン座周辺の星ぼし

冬の季節、もっとも目につくのはオリオン座です。三つ星を斜め上に延ばすとおうし座、斜め下に延ばすとシリウスが見つけられます。いろいろ工夫してほかの星座をさがしてみてください。
撮影地：長野県・富士見高原

第3章 星空

夜《よる》の帳《とばり》

とっぷりと暮れた漆黒《しっこく》の夜空

もんじゃ焼きでおなじみの街といえば、東京・中央区の月島《つきしま》。良い匂いのする通りを抜け、隅田川べりにやってきたときには夕闇が迫っていました。周りのビルには灯がともりはじめ、川面《かわも》をなでる春風が心地よい。晴海通りにかかる勝鬨橋《かちどきばし》を渡って築地を通り抜け汐留《しおどめ》に到着するころには、日はとっぷりと暮れていました。

この辺りは高層ビルが林立しています。そのうちの一つを選んで最上階へ昇ると、いま歩いてきた景色が手に取るように見えます。画面中央、右から左へ流れているのが隅田川、その手前、やや暗く見えるのが築地市場で、隅田川に架かる緑色の橋が勝鬨橋、こちらから見ると月島は勝鬨橋を渡って左側になります。それにしてもビル群と照明の明るさには、いまさらながら驚かされます。

室内の目隠しや仕切りに用いる布を帳《とばり》といいますが、帳が降りて夜になるという意味で使われているのが夜の帳。これほど人工の明かりがあると夜は来ないのではと思ってしまいます。こんな光景を目の当たりにしたため星は見えないと思いきや、目が慣れてくると予想に反して南西に沈み始めた冬の星座、東に昇る春の星座が見えだした。思わず東京もやるねと、星に向かってＶサイン。

撮影地：東京都中央区

航《こう》海《かい》薄《はく》明《めい》

日の暮れから星が出そろうまでの時間帯

星の撮影で楽しみなのは、日の暮れから星が出そろうまでの「薄明《はくめい》」と呼ばれる時間帯。微妙な空の色の変化や見え始めたばかりの淡い星のまたたきにわくわくします。薄明は日没後や日の出前の薄明るい空をいいますが、太陽が地平線に沈んだ俯《ふ》角《かく》により市民薄明、航海薄明、天文薄明の3つに分けられます。

市民薄明は常用薄明とも呼ばれ、太陽の高度が地平線下－6度までのこと。あたりはまだ明るいため、照明がなくても野外活動ができます。

航海薄明は太陽の高度が－6度から－12度までをいい、空と海面の境が見分けられ星も見え始めています。この明るさは地上の風景と星を見ることができるので、航路を決めるときに便利な時間帯です。私はこの航海薄明のころが好きで撮影に出かけたときは、夢中になってカメラのシャッターを切っています。

天文薄明は太陽の高度が－12度から－18度になったときで、あたりはまっ暗になり肉眼で6等星が見えるようになります。なお日暮れ、夜明けは、太陽の高度が－7度21分40秒になる時刻のことです。江戸時代に使われていた暮れ六つ、明け六つに相当する時間で、日本独特のもの。条件がよければ3～4等星が見えます。

撮影地：沖縄県・石垣島

星《せい》野光《やこう》

夜のほのかな星明かり

星の光はとても微《かす》かなもの。しかし、高原や山の中で見上げた星空は都会で見る星空とはまるで違います。星野光《せいやこう》はいわゆる星明かりといわれる夜のほのかな明かりのことで、星の光のほかに地球の超高層大気の発光した大気光《たいきこう》なども含まれます。

大気光はエアグロウともいい、地球の超高層大気の窒素分子、酸素原子、ナトリウム原子などが太陽の紫外線の影響でエネルギーが高くなり、元に戻るときにエネルギーが放射され発光します。似たような現象にオーロラがありますが、こちらは磁気圏にあって高緯度地方特有の現象なので大気光とは区別されています。

大気光は太陽の活動が激しいときに強くなり、地球上の場所、空の区域によっても変化します。また観測する時刻により夜間大気光、昼間大気光、薄明大気光に分けられます。

一方、星の光は銀河系の中心や天の川にそった方向が強くなります。星の等級は1等級違うと明るさは2.5118865倍変化します。等級差が5等級違うと明るさは100倍違うことになります。星野光にもっとも効果のあるのは何等星かというクイズを出せば、答えは21個の1等星ではなく、87万個の11等星と230万個の12等星になります。

撮影地：長野県・富士見高原

流《りゅう》星《せい》

地球に飛び込む微小な宇宙塵

星をながめているとき、夜空を横切るように流星が飛ぶと嬉しくなって、「あっ、飛んだ！」などと、つい声を上げてしまったことはありませんか。流星を見るのは楽しいですよね。

流星は、惑星間空間にただよう微小な宇宙塵《うちゅうじん》（流星物質）が地球の引力に引き寄せられ、毎秒数kmから数十kmの速度で飛び込んできたとき、上層大気の分子と衝突してプラズマ化したガスが発光したものです。流星の大きさはわずか0.1mmから数cmほどで、およそ150～100km上空で発光し、70～50kmぐらいで消滅するといわれます。とくに明るい流星は火球といわれ、地上に落下したものを隕石《いんせき》といいます。

昔から流星が消えないうちに願いごとを三度唱えるとかなうといわれています。唱え方は地方によっていろいろありますが、流星が飛んだとき、急いで願いごとを言おうとしても流星はすぐに消えてしまうため、なかなか願いがかなえられません。みなさんも経験があると思います。

流星にはいろいろな呼び名があります。流れ星はよく使われていますが、そのほか飛び星、落ち星、抜け星、走り星、夜這星《よばいぼし》、縁切り星、星の嫁入りなどの呼び名が各地に残っています。また運針の真似をすると裁縫《さいほう》が上手になる（福井）というように、動作で願いを示すものもあります。

撮影地：新潟県・妙高高原

彗《すい》星《せい》

太陽系の外縁からやってきた雪だるま

尾を引きながら夜空にこつ然と姿を現す彗星《すいせい》は、古くから天変地異の前ぶれとして恐れられてきました。紀元前44年3月15日、カエサルはブルータスやカッシウスらによって暗殺されました。そのときカエサルは、「ブルータス、お前もか」と叫びましたが、これはシェークスピアの戯曲「ジュリアス・シーザー」の台詞《せりふ》であることは言うまでもありません。しかし、その年の5月12日に大彗星が現れています。この彗星の記述はローマ、ギリシャのほか、中国などにも残っているといわれます。

氷や塵でできた汚れた雪だるまが彗星の正体です。太陽系の外縁からきた天体で、地球から3天文単位（太陽・地球間の距離の3倍）くらいまで近づくと氷が昇華してガスになります。そのときコマと呼ばれる大気がつくられ、コマの中のガスはイオンと呼ばれる電荷を帯びた粒子となり、太陽風に吹き飛ばされて尾になります。

太陽と反対方向に延びるガスの尾は青く、塵の尾は太陽を反射して黄色く見えます。彗星はおよそ46億年前、太陽系ができたとき惑星になれなかった小天体と考えられています。写真は2007年11月に撮影した17P/ホームズ彗星で、撮影の約1週間前に3等級も急増光して話題になりました。600ミリF4レンズで撮影中に飛行機が横切りました。

撮影地：長野県・野辺山

五《ご》惑《わく》星《せい》集《しゅう》合《ごう》

水星、金星、火星、木星、土星が一堂に

星座さがしをしていて、見慣れない星があるのに気づいたことはありませんか。それらは、ほとんど惑星です。

少し前になりますが、2002年5月13日の夕方の西の空は特別にぎやかでした。というのは水星、金星、火星、木星、土星の五つの惑星が太陽の東側、すなわち夕暮れの西の空に集まったからです。それぞれ惑星は軌道を一周する年数が異なっているので、肉眼で見える五惑星がすべて夕空に見えるのは珍しいことです。このときは33.3度の範囲に五惑星が集まりました。写真は茨城県つくば市の北条大池から、水星の東方最大離角の2日前の5月2日に撮影したものです。

実はその2年前の2000年5月17日にも、水星、金星、火星、木星、土星の五惑星に太陽も加わって、六つの天体が集まりました。このときは19.4度の範囲に集まりましたが、太陽が含まれていたため惑星を夜空に見ることはできませんでした。当時、惑星が集まるとその引力や潮汐《ちょうせき》力などが加わって地球に作用し、地震や火山の噴火などの災害が起こるのではなどと、話題になりました。

この次に五惑星が集まるのは2040年9月8日で、9度16分の範囲に五惑星が集まるといわれています。

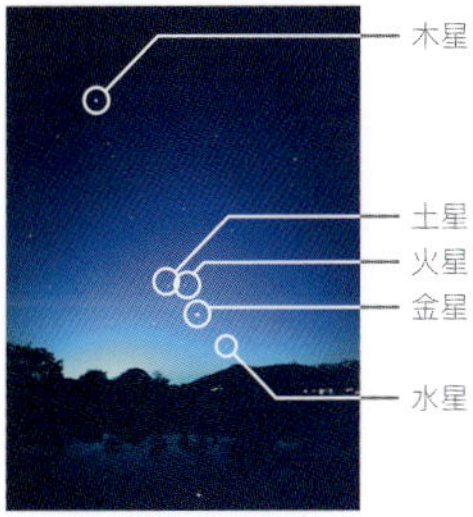

撮影地：茨城県つくば市

オーロラ

夜空をかけるワルキューレの甲冑

夜空を舞うように現れるオーロラの名は、ローマ神話の暁《あかつき》の女神アウロラに由来したもの。また北欧神話では、夜空をかけるワルキューレたちの甲冑《かっちゅう》の輝きといわれます。オーロラは、太陽からの荷電粒子《かでんりゅうし》が地球の磁力に引きつけられて発生したもので、形はカーテン状、帯状などさまざま。地上から100km以上で現れますが、100～200kmでは青白色、200km以上では赤色が多く発生します。

オーロラは南北の緯度が65～80度ほどの、地球磁極を取り囲む円形の帯状地帯に多く発生します。これをオーロラ・オーバル（オーロラ・ベルト）といい、アラスカ、カナダ北部、北欧などがこの領域に入ります。写真は年間平均243日もオーロラ現象が起きるといわれる、アラスカ州のほぼ中央に位置するフェアバンクスから撮影したもので、カシオペア座を取り囲むように現れたオーロラです。

オーロラの明るさはいろいろで、天の川が1キロレイリーなのに対し、オーロラは数キロ～数十キロレイリーもあるので、明るいレンズを使用すれば数秒で撮影することができます。1レイリーは一定の方向の光の強さを測定したとき1平方センチメートルあたり100万個の光子が入射することで、イギリスの物理学者レイリーにちなんだものです。

撮影地：アラスカ・フェアバンクス

春の大三角《だいさんかく》

「春の夫婦星」としし座のデネボラ

春霞《はるがすみ》がかかっているわけでもありませんが、春の星ぼしの光は冬に比べるとやわらかく感じます。桜が咲くころ春の星座を眺めるのは最高ですが、季節を先取りして冬に春の星座を見るのも面白いものです。

写真は冬の夜ふけ、しのび足をするかのように東の空に姿を現した春の星ぼしです。この時刻になると冬の星座は西の空に傾きますが、春と冬の両方の星座を見ることができます。

東の空に昇り始めたおとめ座は純白の１等星スピカが美しく、清楚なイメージが似合うところから、福井県三方地方の漁村には「真珠星」という呼び名が残っています。おとめ座の女神については農業の女神デメテルとか、その娘のペルセポネなど諸説がありますが、一般的には正義の女神アストライア（星の乙女）といわれます。

スピカよりわずかに早く昇るアルクトゥルスは、うしかい座の０等星で、オレンジ色をしているうえ６月の梅雨のころ頭の真上で輝くところから、「五月雨星《さみだれぼし》」「麦星《むぎぼし》」の名で呼ばれています。

男性的なアルクトゥルス、女性的なスピカをカップルに見立てた呼び名があります。「春の夫婦星《めおとぼし》」で、この２つの星にしし座の２等星デネボラを加えると三角形ができます。これを「春の大三角」と呼んでいます。

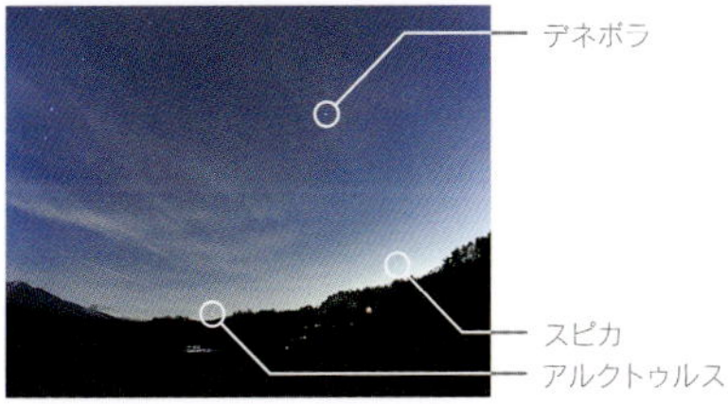

撮影地：長野県・富士見高原

プレセペ星団

３億年前に誕生した散開星団

かに座のプレセペ星団M44は、春の星空の見どころの一つ。明るい星はありませんが黄道第４星座として古くから知られた星座です。かに座で目につくのはγ《ガンマ》，δ《デルタ》，η《エータ》，θ《セータ》の４つの星で描く小さな四辺形で、これが蟹《かに》の甲《こう》羅《ら》にあたります。プレセペとはラテン名で「かいば桶」のことで、四辺形の真ん中にあります。γ星はラテン名でアセルス・ボレアリス（北の小さいロバ）、δ星はアセルス・アウストラリス（南の小さいロバ）といい、2匹のロバがかいばを食べている姿に見立てたものです。

哲学者プラトンの一派は、プレセペの四辺形を人間の霊魂が天から降りてくるときの出口と説き、中国ではプレセペの淡い光を鬼火の燐光に見立て積《し》尸《し》気《き》と呼びました。またインドでは釈迦《しゃか》が生まれたとき月がここで輝いていたので縁起の良い星座というように、見方はいろいろです。

プレセペ星団は100個の星が不規則に集まった散開星団《さんかいせいだん》で、515光年の距離にあります。Mとはフランスのシャルル・メシエ（1730～1817）が作った星雲・星団カタログの第44番目のこと。プレセペ星団はおよそ3億年前に誕生した散開星団で、双眼鏡を向ければ見事な眺めになります。

写真は300ミリレンズで撮影したもので、7度の視野をもつ標準的な双眼鏡では、ほぼこの大きさに見えます。

撮影地：長野県・富士見高原

夏の大三角《だいさんかく》

「織り姫」「彦星」とはくちょう座のデネブ

一年を通して、夏は星空を見るのにもっとも適しています。明るい星が多いうえ、毎年8月13日前後のペルセウス座流星群はお盆休みとも重なり、多くの人が夜空を見上げています。

夏の夜空に見える1等星は4つ。こと座のベガ、わし座のアルタイル、はくちょう座のデネブ、さそり座のアンタレスです。このうちベガ、アルタイル、デネブの3つで描く三角形を「夏の大三角」といい、頭の真上近くに見える時刻はやや遅く、7月下旬では23時ごろ、8月下旬では21時ごろになります。また、さそり座が南中するのは7月下旬の20時ごろ。1等星アンタレスの赤い色が印象的です。

7月7日は七夕。ベガは織り姫（中国名は織女《しょくじょ》）、アルタイルは彦星（中国名は牽牛《けんぎゅう》）として知られています。どちらも和名が多く、織り姫は彦星より先に昇るため「さきたなばた」と呼ばれますが、「たなばたつ女《め》」「めんたなばた」「織り子星」などの呼び名もあります。織り姫のわきでζ《ゼータ》，δ，γ，β《ベータ》の4つの星が菱形を描いていますが、瀬戸内地方ではこれを「瓜畑」といい織り姫と彦星がここでデートをするのだといわれます。

一方、彦星には「犬飼い星」「牛飼い星」「おんたなばた」「犬引きどん」などの呼び名があります。

撮影地：長野県・野辺山

いて座の天《あま》の川《がわ》

ひときわ明るい銀河系の中心

夏の天の川ははくちょう座にそって流れ、いて座のあたりで急に明るさを増して南の地平線に没しています。

天の川は星の集まりであることがわかっていますが、古代の人たちは天にかかる川と考えました。たとえばエジプトではナイル川が天に続いていると考え、天のナイルと呼んでいました。また天の道と考えた民族も多く、アメリカインディアンは死者の魂が天国へ行く道と考え魂の道、スウェーデンでは冬の道と呼んでいます。

天の川のことを中国では銀河、または銀漢と呼んでいますが、ギリシャ神話ではヘラクレスが赤ちゃんのとき、女神ヘラの乳房を強く吸ったため飛び散った乳が空にかかって天の川になったといわれます。そのため英語では天の川をミルキー・ウェイといいます。

私たちの太陽系は、恒星がおよそ2000億個も集まった直径10万光年の凸レンズ状をした銀河系の中にあります。太陽系の位置は銀河系の中心ではなく、中心から約3万光年離れたところにあります。夜空を見上げると凸レンズ状にそった部分の星ぼしが細長い帯状になって天球を一周し、淡い川のように見えます。これが天の川です。いて座付近の天の川が明るいのは、私たちから見て銀河系の中心がいて座の方向にあるからです。

撮影地：長野県・富士見高原

北アメリカ星雲

北アメリカ大陸そっくりの散光星雲

夏の天の川は、はくちょう座の尾部からくちばしにそって流れています。よく見ると一部の天の川が途切れて黒く見えますが、これは石炭袋（コールサック）と呼ばれる暗黒星雲《あんこくせいうん》です。はくちょう座は十字形をしているため南十字座と比較され、北十字（ノーザンクロス）と呼ばれます。ちなみに南十字座にも石炭袋と呼ばれる暗黒星雲があります。

白鳥の尾部には1等星デネブ（距離は1400光年）が光っていますが、その脇に北アメリカ大陸そっくりの散光星雲があります。その名も北アメリカ星雲NGC7000です。18世紀のイギリスの天文学者ウィリアム・ハーシェルによって発見されたもので、見かけの大きさは満月の数倍の120分×100分もあります。

北アメリカ星雲のすぐ南西にはペリカン星雲がありますが、宇宙塵を多く含む暗黒星雲があるため、北アメリカ星雲と分かれて見えます。この2つは同一の星雲で電離した水素と反射星雲が混在したものといわれます。どちらも910光年の距離にあります。

北アメリカ星雲は大きさのわりにきわめて淡いため、倍率が高めの望遠鏡より、低倍率で明るい双眼鏡か肉眼の方が向いています。見つけるには大気の透明度がポイントになります。澄んだ夜にトライしてみてください。

撮影地：長野県・野辺山

秋の四辺形《しへんけい》

天馬の胴体にあたるペガススの四辺形

春には春の大三角というように、夏と冬にもそれぞれ大三角があります。しかし秋にはありません。それにかわるのが秋の四辺形で、天馬をかたどったペガスス座の胴体にあたる4つの星でできているため、ペガススの四辺形とも呼ばれています。

胴体にあたる4つの星のうち、北西（左上）の星は天馬のへそにあたるところからアラビア名でアルフェラッツ（馬のへそ）と名づけられていますが、これはアンドロメダ座のα《アルファ》星です。この星は20世紀初めまで両方の星座で使われてきましたが、当時は星座の境界などが分かりにくく煩雑でした。それを整理しようということになり、1928年の国際天文同盟（現在の国際天文学連合）の総会において、アンドロメダ座の星に決まりました。つまりアンドロメダ姫の頭にあたる星になったものの名前はそのままで、いまでも馬のへそと呼ばれています。

明るい星が少ない秋の星空の中で、ペガススの四辺形はよく目につきます。α星からβ星を結び、そのまま北（上）へ延ばすと北極星に届きます。またγ星からアルフェラッツ（アンドロメダ座α星）を結び、そのまま延ばしてもカシオペア座β星を経て北極星に届きます。四辺形の一辺の長さはおよそ15度なので、星座さがしのときに覚えておくと便利です。

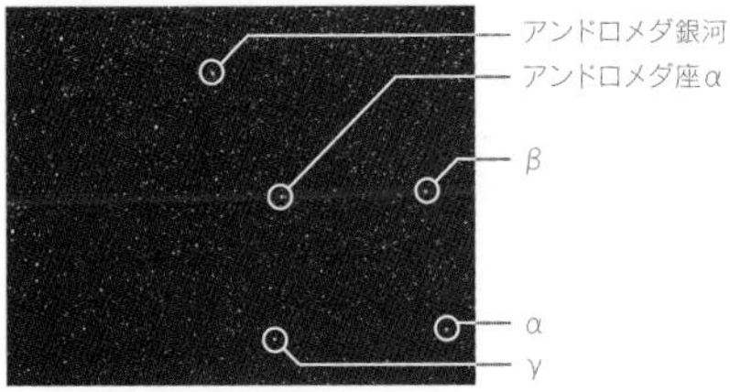

撮影地：山梨県・本栖湖

アンドロメダ銀河

肉眼で見えるお隣の渦巻銀河

　秋の最大の見ものといえばアンドロメダ銀河M31でしょう。230万光年の距離にあるお隣の渦巻《うずまき》銀河で、見かけの大きさは満月を5～6個並べたほどもあります。アンドロメダ銀河の光度は4.4等なので、β《ベータ》星、μ《ミュー》星、ν《ニュー》星とたどれば肉眼でも淡く見ることができますし、都会でも双眼鏡を使えば位置を確認することができます。アンドロメダ銀河の存在は古くから知られ、10世紀のアラビアの天文学者アル・スーフィは「小さな雲」、中国では「奎宿《けいしゅく》の白気」と呼びました。奎宿とは中国の星座名です。

　アンドロメダ銀河は、これまで10万光年の大きさをもつ銀河系より一回り大きいといわれていましたが、アンドロメダ銀河周辺部の星が中心部の一部であるということがわかってきたため、現在ではアンドロメダ銀河の直径は銀河系より2倍以上の大きさがあると考えられています。アンドロメダ銀河にはM32、NGC205という2つのお伴の銀河がありますが、やがてはアンドロメダ銀河と衝突して吸収されてしまいます。さらには毎秒300kmの速度で銀河系に向かっているので、二つの銀河は衝突して巨大な楕円銀河になるといわれます。50億年後の話ですが……。

　大気の澄んだところでアンドロメダ銀河を見るには双眼鏡が向いています。渦巻は見えませんが中心部が明るく、写真のような楕円形《だえんけい》に見えます。

撮影地：群馬県・榛名湖

二《に》重星団《じゅうせいだん》h《エイチ》とχ《カイ》

ガリレオも望遠鏡で観測していた？

右手で剣を振りかざし、左手で退治したメドゥーサの首をもった姿で描かれたペルセウス座は、晩秋の夜更けに北の空高く昇ります。ギリシャ神話では古代エチオピアのアンドロメダ姫を救った勇士ですが、バビロニアでは大神マルドゥクに見られていました。

ペルセウス座はカシオペア座とぎょしゃ座に挟まれた星座で、天の川に浸っています。それだけに双眼鏡を向けると数多くの星が視野に飛び込んできて楽しい眺めになります。その中にあって一番の見ものは、剣の柄あたりにあるh《エイチ》とχ《カイ》と呼ばれる2つの散開星団です。

この2つはわずか0.5度の間隔でならんでいるため二重星団の名で親しまれていますが、hとχと呼ばれているのは、1603年に「ウラノメトリア」という星図を出版したドイツのバイヤーが、この2つの散開星団を恒星とみて西側をh、東側をχと名づけたことによります。一説によるとガリレオ・ガリレイは望遠鏡を向け、星団であることを観測したといわれています。

hのNGC869は350個、χのNGC884は300個の星が集まっています。距離はどちらも7330光年で、光度はhが4.4等、χは4.7等なので、どちらも肉眼で恒星のように見えます。双眼鏡を使うと2つの星団が寄り添うようすを見ることができます。

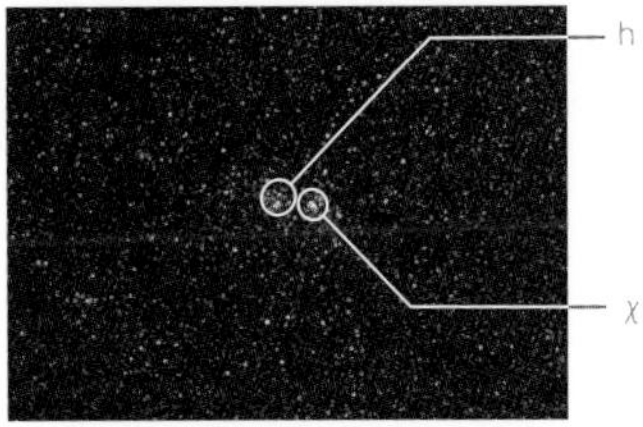

撮影地：長野県・開田高原

冬の大三角《だいさんかく》

赤色超巨星、全天一の輝星、「犬の先駆け」

冬の夜空はとても華やかです。オリオン座のベテルギウス、おおいぬ座のシリウス、こいぬ座のプロキオンで「冬の大三角」を描いています。

ベテルギウスは640光年にある赤色超巨星で、2110日の周期で0.0等から1.3等まで明るさを変える脈動型半規則変光星です。視直径（見かけの大きさ）は0.047秒で、最初に視直径を測定した恒星として知られています。測定したのはマイケルソンとピーズで、当時世界最大のウィルソン山天文台の250センチ反射望遠鏡に干渉計を取り付けて行いました。1920年のことでした。

おおいぬ座のシリウスは全天一の輝星で、光度は－1.5等もあります。明るいのは8.6光年という近距離にあるためで、焼きこがすものという意味のギリシャ語セイリオスが語源になっています。

こいぬ座のプロキオン（犬の先駆け）は11光年にある0.4等星で、シリウスより先に昇るところからついた呼び名です。

冬の大三角のほかに、オリオン座のリゲルからスタートして、おうし座のアルデバラン、ぎょしゃ座のカペラ、ふたご座のポルックス、こいぬ座のプロキオン、おおいぬ座のシリウスを結ぶと「冬の六角形」ができます。その真ん中にベテルギウスがありますが、その大きさに驚かされます。

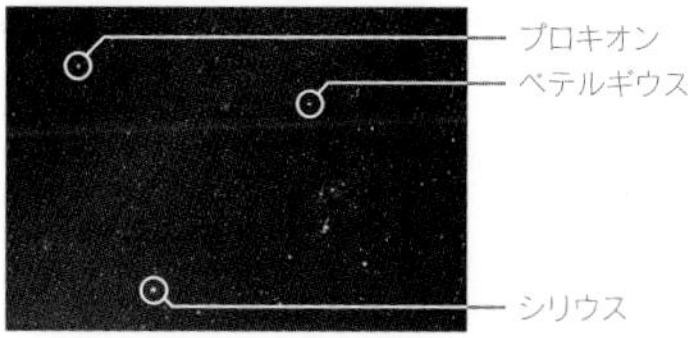

撮影地：長野県・野辺山

オリオン大星雲

肉眼でも双眼鏡でも見える散光星雲

オリオン大星雲M42を見つけるのは簡単です。三つ星の下（南）に小さくたてに並んだ小三つ星と呼ばれる3つの星が見えますが、その真ん中のθ星付近が淡くぼんやりしています。これがオリオン大星雲です。肉眼、双眼鏡、小型望遠鏡のいずれでも楽しむことができます。

オリオン大星雲は1300光年の距離にある散光星雲で、実際の大きさは約25光年ほどの広がりがあると考えられています。星雲全体の光度は4.0等なので、双眼鏡を向けると鳥が翼を広げたような姿をしていて、写真には水素領域のかすかな光を蓄積して赤みがかった色に写りますが、双眼鏡ではやや緑がかった白色に見えます。これは電離した酸素の強い輝度から生じたものです。オリオン大星雲のうち鳥の翼のように見えるのがM42で、その上（北）の鳥の頭のように見えるのがM43です。

小型の望遠鏡をオリオン大星雲に向けると、中心部に4つの星がまとまっているのに気づきます。トラペジウム（台形）と呼ばれていますが、そこの高温の星が出す強烈な紫外線によって星雲のガスが電離され光を出しています。いて座の干潟星雲M8、M20などと同じ電離水素領域、またはHⅡ領域の散光星雲です。オリオン大星雲の中心部は、星が誕生する水素領域として知られています。

撮影地：長野県・富士見高原

ヒヤデスとプレアデス

「雨降り星」と「すばる」

オリオン座の右上（北西）に見えるおうし座には、2つの有名な散開星《さんかいせい》団《だん》があります。ヒヤデス星団とプレアデス星団で、それぞれ双眼鏡で星が群がるようすを見ることができます。

ヒヤデス星団は牡牛の顔をつくるV字形の星ぼしで、肉眼では5～6個の星を見ることができます。牡牛の目にあたるところに1等星アルデバラン（あとに続くもの）がありますが、ヒヤデス星団までの距離は130光年、アルデバランは67光年なのでヒヤデス星団とは関係ありません。アルデバランの名は、プレアデス星団のあとに昇るためついた呼び名です。

ギリシャでは昔、ヒヤデス星団が太陽と同時に昇るころ雨期を迎えたため「雨降りヒヤデス」といい、日本でも江戸時代、中国の星宿（星座のこと）を～星といい、ヒヤデスを「雨降り星」と呼びました。

プレアデス星団は牡牛の肩先にあります。日本では古くから「すばる」の名で親しまれた星団で、肉眼では6個ほど見えるところから「むつらぼし」の名も残っています。プレアデス星団までの距離は410光年で、15光年の範囲に高温の星が120個集まっています。ヒヤデス星団に比べるとはるかに若い星団で、誕生してから5000万年しかたっていないため星団全体が淡い星雲に包まれています。

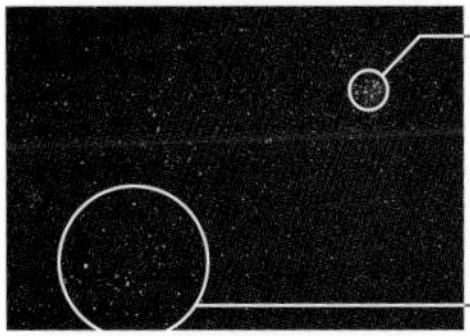

撮影地：福島県いわき市

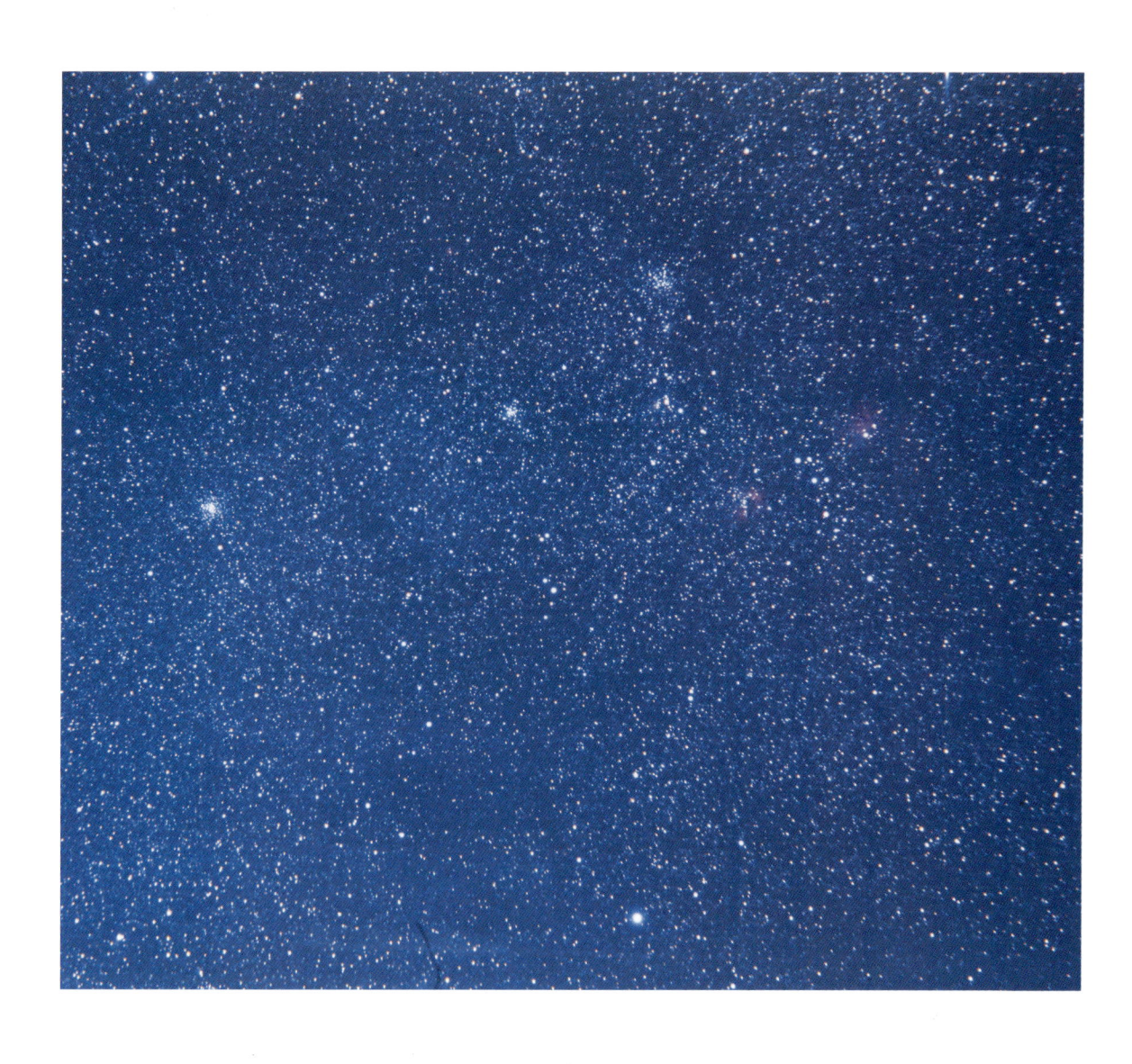

ぎょしゃ座の散開星団《さんかいせいだん》

五つ星にそって流れる天の川の三つの星団

おうし座の北側の角の先から5つの星が五角形を描いています。五角形の右肩に光る黄色みを帯びた星は43光年の距離にある1等星のカペラで表面温度が太陽に似た星といわれます。しかし大きさが太陽の10.2倍と8.5倍の2つの黄色の巨星からなる連星です。2星の距離は地球から太陽までの距離（1天文単位）の0.71倍しかありません。

ぎょしゃ座は五角形をしているところから中国では「五車」、日本でも「五角星」「五つ星」などと呼ばれて親しまれています。五角形にそって流れる冬の天の川に3つの散開星団が点在しています。写真左からM37、M36、M38で、7度の視野のある5センチ7倍くらいの双眼鏡では、3つの散開星団をどうにか同じ視野の中に見ることができます。

M36は3780光年の距離に60個の星が集まっていて、双眼鏡では星雲状の中に20個ほどの星を見ることができます。M37の距離は4720光年、150個の星が集まっていて双眼鏡では星雲状です。M38は3580光年の距離に100個の星が集まっていてM36、M37より大きく見えますが、双眼鏡では星雲状です。小型の望遠鏡を使えば、3つの散開星団とも星が見えるようになり、星の集まりの特徴までわかるようになります。写真に赤く写っているのは散光星雲IC405（右）、IC410（左）です。

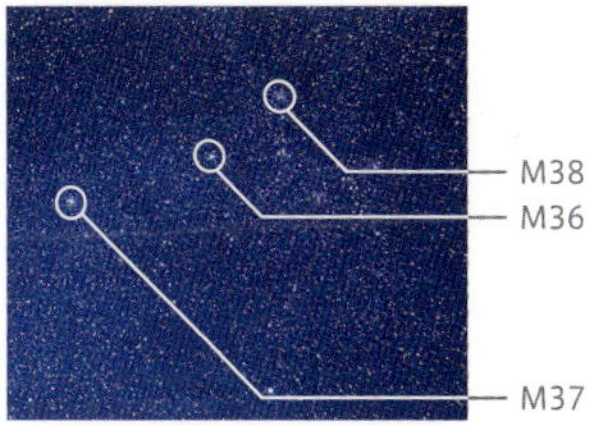

撮影地：長野県・富士見高原

朝《あさ》未《まだ》き

夜が明けきらないころのほのかな明かり

晴天のときは、つい夢中になって星を眺めたり撮影したりするため、そのまま夜明けをむかえることがよくあります。薄明が始まると夜空の色は漆黒からわずかに変化し、夜の深みが少しずつ薄れてゆきます。それに合わせるかのように星の光も少しずつ弱くなってゆきます。

夜が明けきらないころのことを朝未《あさまだ》きといいますが、ほのかな明かりであたりの景色は見え始めているのに空にはまだ星がまたたいています。夜明けの序曲のようで、好きな時間帯の一つです。

満月は日の出とともに西の地平線に沈んでしまいますが、十六夜以後になると空に月がかかったまま夜が明けてきます。有明けです。有明《ありあ》け月《づき》、有明けの月、残月、月痕《げっこん》、名残《なごり》の月影などは、有明けに残っている月を言い表した言葉です。月が残っている夜明けのころは有明け方、月がない夜明けのころは暁闇《あかときやみ》といい陰暦で毎月十四日ごろまでの夜明け前のことをいいます。

月があるときとないときでは、夜明けの雰囲気がまるで違います。星を撮影するには月がないほうが向いていますが、夜明け近くに細い月が昇り始めると、なぜかほっとします。夜明け前の月の呼び名が多く残っていることからも、昔から月に癒されていたことがわかります。

撮影地：山梨県・本栖湖

日の出前

空に向かって伸びるレンブラント光線

凛《りん》とした静寂の中で待つ夜明け。初日の出のように特別な日でもないのに、夕日と同じ太陽なのに、なぜか厳粛な気持ちになります。星空に目が慣れてしまったのか、それとも大気が落ち着いて透明度がよくなったためなのか、夜通し星を眺めていると日の出前の空が、やけにまぶしく感じられます。

暦の上では立春を迎えたとはいえ、2月初旬の山梨県・本栖湖で迎える夜明けは冷え込みが厳しく、じっとしていられないほど。星が瞬いているうちは私だけでしたが、夜明けが近づくにつれて撮影をする人たちの車が数台集まってきました。

放射冷却により冷え込みが強かったこともあり、富士山から流れこんだ冷たい空気が温かい湖水に触れて蒸発して霧が発生し始めました。蒸気霧です。日の出前なのに朝日を浴びたように黄金色に光っていましたが、長続きすることなく霧は消えてゆきました。

やがて湖面はベニバナで染めたような濃い紅色に輝き、レンブラント光線が空に向かって勢いよく伸び始めました。太陽は富士山のすそ野まで昇ってきています。

日の出はもうすぐ、もうすぐ。

撮影地：山梨県・本栖湖

著者略歴――――
林完次　はやし　かんじ

1945年東京生まれ。明治大学法学部卒。天体写真家、天文作家。日本天文学会、品川星の会に所属。地上の風景を取り入れた星空の写真で独自の世界を切り開く。主な著書に、『宙(そら)の名前』『星をさがす本』『月光』『月の本』（以上、角川書店）、『星空の歩き方』（講談社）、『星と月のコレクション』（フレーベル館）、『宙(そら)の旅』（小学館）など多数。

すごい夜空の見つけかた

2011年 7月25日　第1刷発行
2012年10月31日　第2刷発行

写真・文　林　完次
装丁者　清水良洋(Malpu Design)
発行者　藤田　博
発行所　株式会社 草思社
〒160-0022　東京都新宿区新宿 5-3-15
電話　営業 03(4580)7676　編集 03(4580)7680
振替　00170-9-23552

印刷　中央精版印刷 株式会社
製本　大口製本印刷 株式会社

ISBN978-4-7942-1831-5　Printed in Japan　検印省略

http://www.soshisha.com/